PROCÈS-VERBAL

DE LA SÉANCE PUBLIQUE

DE LA

SOCIÉTÉ D'AGRICULTURE

DE L'ARRONDISSEMENT DE CHERBOURG,

Du 21 Septembre 1863.

CHERBOURG
AUGUSTE MOUCHEL, IMPRIMEUR-LIBAIRE
1863

SÉANCE PUBLIQUE

DE LA

SOCIÉTÉ D'AGRICULTURE

DE L'ARRONDISSEMENT DE CHERBOURG.

CHERBOURG. — IMPRIMERIE D'AUGUSTE MOUCHEL.

PROCÈS-VERBAL

de la Séance publique

DE LA

SOCIÉTÉ D'AGRICULTURE

DE L'ARRONDISSEMENT DE CHERBOURG,

Du 21 Septembre 1863.

A la suite du Concours d'Excellence pour les Bestiaux de l'arrondissement, qui a eu lieu à midi, sur la place de la Divette, la Société d'Agriculture de Cherbourg s'est réunie en séance publique, dans la Salle d'Asile, que M. le Maire de Cherbourg avait bien voulu faire préparer à cet effet, par les soins de M. Lejéal, architecte-voyer de la ville.

Ont pris place au bureau, M. le comte de Tocqueville, membre du Conseil général, président; M. Ludé, membre du Conseil général, maire de Cherbourg; MM. Henri Duchevreuil, membre du Conseil d'arrondissement, et Gustave Lemoigne, vice-présidents de la Société d'Agriculture; Alexandre Lesdos, membre honoraire; Vildieu, le docteur Payerne, Duprey, membres des commissions des Concours agricoles; Nicétas Periaux, secrétaire, et plusieurs autres membres de la Société.

A une heure, M. le président a ouvert la séance, et a prononcé l'allocution suivante :

Messieurs.

Voici la seconde séance publique que tient la société d'agriculture.

Vous venez d'assister à notre grand concours annuel. Vous avez pu constater les progrès qui se font sentir parmi les animaux présentés : génisses, vaches, verrats, béliers et brebis. Les taureaux offraient une amélioration sensible. Nous regrettons que l'allocation du département soit si faible. La société a déja fait des réclamations à ce sujet; elle compte les renouveler encore.

La société que j'ai l'honneur de présider fait tous ses efforts pour pousser les cultivateurs à des améliorations de toute nature; mais cette société n'est pas encore assez nombreuse. Ses ressources auraient besoin d'être augmentées; nous serions heureux de voir de bons esprits apporter leur intelligence au fonds commun, pour en faire un foyer de lumière plus considérable. Que d'avantages on peut retirer de l'association! Ce sont des unités qui arrivent souvent à un puissant capital.

Je ne saurais trop répéter à mes concitoyens de l'arrondissement de Cherbourg : entrez dans la grande famille de l'agriculture; elle vous protégera au besoin et vous encouragera toujours.

Notre race chevaline est florissante; elle l'a prouvé au concours des poulinières du 14 de ce mois. par le nombre, la qualité des mères et la distinction des poulains.

Nous avons cru que ces moyens d'encouragement devaient être secondés par des courses de chevaux; elles étaient indiquées, dans un pays d'élèves comme le nôtre, où malheureusement les cavaliers manquent; et cependant ils sont bien nécessaires pour préparer les jeunes chevaux à être vendus au commerce et à la remonte, qui paieront toujours plus cher un jeune animal à peu près dressé d'avance. Nos poulains sont généralement doux; on peut les aborder sans crainte, et les habituer de bonne heure à la selle et au bridon.

La création de la Société des Courses du Cotentin ne date que de l'année dernière, et déjà sa 2e épreuve a eu lieu le 6 de ce mois avec le plus grand succès.

Espérons donc que cette institution est fondée désormais parmi nous; elle complétera toutes nos améliorations hippiques.

Nous continuons à donner des primes par cantons aux plantes racines les mieux tenues, aux fumiers les mieux emménagés, aux cultures fourragères, enfin à la bonne tenue des fermes. C'est un article bien important en agriculture et une question de bonne entente et de salubrité. Il reste sur ce sujet beaucoup de choses à faire; j'espère néanmoins que nous arriverons aussi au progrès de ce côté. Deux propriétaires du canton d'Octeville se sont mis en frais pour nous montrer leurs maisons d'exploitation; nous les en remercions. Un d'entre eux surtout a présenté une ferme, où nous devrions aller tous puiser des enseignements.

Nous avons continué nos encouragements aux instituteurs qui donnent l'instruction élémentaire agricole aux élèves confiés à leurs soins.

Ces maîtres modestes et studieux ont répondu à notre appel. Tous comprennent qu'il faut inculquer en quelque sorte l'agriculture au jeune âge, pour la lui faire aimer ensuite.

Plusieurs instituteurs nous ont envoyé des mémoires intéressants, où ils expliquent la théorie de leurs leçons agricoles. Un d'entre eux surtout a envoyé un cours complet d'études agricoles; il nous a remis les devoirs de ses élèves, des dessins d'instruments aratoires exécutés par les enfants confiés à ses soins; enfin une instruction agricole primaire, digne de tout éloge.

Nous allons maintenant procéder à la distribution des primes. Que tous les lauréats remportent chez eux la satisfaction d'avoir obtenu une récompense méritée, et le désir de faire encore mieux l'année prochaine.

M. le président a ensuite donné la parole au secrétaire, qui a rendu compte des concours de bestiaux ouverts en 1863, dans les divers cantons et au chef-lieu de l'arrondissement.

CONCOURS DE BESTIAUX.

Messieurs,

Nous ne donnerons qu'un rapide exposé des concours qui ont eu lieu en 1863, pour les races chevalines et pour les bestiaux de toute espèce.

Ils sont consignés dans un tableau duquel il résulte ce qui suit :

La Société d'Agriculture de l'arrondissement de Cherbourg a décerné, en 1863, quarante-cinq primes, montant ensemble à la somme de 2,820 fr., pour la quantité de 286 animaux de toute espèce qui ont été présentés à ses différents concours; plus, quatre médailles d'argent aux étalons de trait, et trois médailles aussi en argent pour les primes d'excellence des espèces ovine et porcine, puis enfin six mentions honorables, dont quatre pour les taureaux et deux pour les pouliches de deux ans.

Voici la répartition par cantons de ces diverses récompenses :

Dans le canton de Beaumont.

Concours de taureaux.............	1 prime............	175 f.
	et 2 mentions honorables.	
— d'étalons de trait........	1 médaille d'argent..	»
— de bestiaux des races bovine, ovine et porcine..	7 primes...........	355
— de pouliches de 2 ans....	2 —	100
Prime d'excellence pour les taureaux.	1 —	80
Totaux.......	11 primes s'élevant à..	710 f.
	1 médaille d'argent	
	et 2 mentions honorables.	

Dans le canton d'Octeville (Cherbourg.)

Concours de taureaux.............	1 prime............	175 f.
— d'étalons de trait.... ...	1 médaille d'argent..	»
— de bestiaux des diverses races...	7 primes...........	355
— de pouliches de 2 ans....	2 —	100
	et 2 mentions honorables.	
Totaux.......	10 primes s'élevant à..	630 .
	1 médaille d'argent	
	et 2 mentions honorables.	

Dans le canton des Pieux.

Concours de taureaux.............	1 prime......... ...	175 f.
	et 2 mentions honorables.	
— d'étalons de trait........	1 médaille d'argent..	»
— de bestiaux des diverses races...............	7 primes.........	355
— de pouliches de 2 ans....	2 —	100
Prime d'excellence pour les taureaux.	1 —	120
— pour les génisses.	1 —	50
— pour les verrats..	1 médaille d'argent..	»
— pour les béliers et brebis......	2 — ..	»
Totaux......	12 primes s'élevant à..	800 f.
	4 médailles d'argent	
	et 2 mentions honorables.	

Dans le canton de Saint-Pierre-Eglise.

Concours de taureaux.............	2 primes...........	175 f.
— d'étalons de trait........	1 médaille d'argent..	»
— de bestiaux des diverses races................	7 primes...........	355
— de pouliches de 2 ans....	2 —	100
Prime d'excellence pour les génisses.	1 —	50
Totaux.......	12 primes s'élevant à..	680 f.
	et 1 médaille d'argent.	

RÉCAPITULATION.

	Primes.	Méd. d'argent.	Ment. hon.	Sommes.
Cantons de Beaumont......	11	1	2	710 fr.
— d'Octeville.........	10	1	2	630
— des Pieux.........	12	4	2	800
— de St-Pierre-Eglise.	12	1	»	680
Totaux.....	45	7	6	2,820 fr.

Voici également la liste des lauréats auxquels vont être délivrés, dans cette séance publique. les diplômes constatant les recompenses qu'ils ont obtenues.

Le montant des primes leur sera versé, chez M. Dupont, trésorier de la Société, à partir du jeudi 24 de ce mois, sur la présentation des pièces exigées par les conditions du programme.

CONCOURS DE TAUREAUX.

Primes de 175 fr. — MM. Hyacinthe Bienvenu, cultivat. à Ecculleville;
Jean-Baptiste Destrès, cultivat. à Couville;
Hamel frères, cultivateurs à Benoistville;
Ex æquo { Jules Fatome, cultivateur à Fermanville;
Jacques Laronche, cultivateur à Gonneville.

Mentions honorables. — François Lebrun, cultivateur à Bricquebosc;
Félix Lebourgeois, cultivateur à Tréauville.

Primes d'excellence:
1er Prix, 120 fr. — Mlle Amélie Lebrun, de Bricquebosc;
2e Prix, 80 fr. — M. Hyacinthe Bienvenu, à Ecculleville *(2e nom.)*

CONCOURS D'ÉTALONS DE TRAIT.

Médailles d'argent, avec diplômes de recommandation: MM. Pierre Paris, cultivateur à Sainte-Croix;
Lesept frères, cultivateurs à Equeurdreville;
Louis Feuardent, cultivateur aux Pieux;
Jean Bourdet, cultivateur à Théville.

CONCOURS DE GÉNISSES.

Primes de 1re classe, 90 fr.: MM. Paris-Prévallée, cultivateur à Urville;
J.-Bte Toulorge, cultiv. à Equeurdreville;
François Yvetot, cultivateur aux Pieux;
Jean-Baptiste Pontus, cultivateur à Néville.

Primes de 2e classe, 60 fr.: Jean Regnier, cultiv. à Omonville-la-Rogue;
Ferdinand Levavasseur, à Cherbourg;
Auguste Bouchard, cultivateur à Sotteville;
Louis Le Canu, cultivateur à Cosqueville.

Prime d'excellence, 100 fr., à partager entre: MM. Louis Le Canu *(2e nom.)*,
et Auguste Bouchard *(2e nom.)*

CONCOURS DE VACHES.

Primes de 1re classe, 65 fr.: MM. Bernardin Bienvenu, cultiv. à Ecculleville;
Charles Point, cultivateur à Tourlaville;
Félix Lebourgeois, à Tréauville *(2e nom.)*;
Louis Le Canu, cult. à Cosqueville *(3e nom.)*

Primes de 2e classe, 50 fr.: Louis Lagalle, cultivateur à Beaumont;
Auguste Bienvenu, cultivat. à Querqueville;
Lerouvillois frères, cultivateurs aux Pieux;
le comte Méd. de Chivré, prop. à Gonneville.

Prix d'excellence, 80 fr., M. Louis Le Canu, de Cosqueville *(4e nom.)*

CONCOURS DE VERRATS.

Primes de 30 fr. — M. Bernardin Bienvenu, à Eculleville *(2e nom.)*;
Mmes veuve Veyrassat, propriétaire à Cherbourg;
veuve Tesson, cultivatrice aux Pieux;
M. J.-Bte Doublet, cultiv. à St-Pierre-Eglise.

Primes d'excellence
(Médaille d'argent).— Mme veuve Tesson *(2e nom.)*

CONCOURS DE BÉLIERS.

Primes de 30 fr. — MM. Canoville-Lachênée, cultivateur à Gréville;
J.-Bte Toulorge, à Equeurdreville *(2e nom.)*;
Louis Feuardent, cultiv. aux Pieux *(2e nom.)*;
Louis Lefèvre, cultivateur à Gatteville;

Prime d'excellence
(Médaille d'argent). — M. Louis Feuardent *(3e nom.)*

CONCOURS DE BREBIS (PAR LOTS DE 5 AU MOINS).

Primes de 30 fr. — MM. Canoville-Lachênée, à Gréville *(2e nom.)*;
Vor Rouy dit Laroche, cult. à Equeurdreville;
Louis Feuardent, cult. aux Pieux *(3e nom.)*;
Charles Lefèvre, cultivateur à Gatteville.

Prime d'excellence
(Médaille d'argent). — M. Louis Feuardent *(4e nom.)*

CONCOURS DE POULICHES DE 2 ANS.

Primes de 1re classe, 60 fr.: MM. Jacques Lebrun, cultivateur à Sainte-Croix;
Pierre Gain, dit Mallet, cultiv. à Querqueville;
Félix Lebourgeois, à Tréauville *(3e nom.)*;
Jules Auvray, cultivateur à Gatteville.

Primes de 2e classe, 40 fr.: MM. Médéric Canoville, cultivateur à Eculleville;
Pierre Gain, fils Marin, cultiv. à Querqueville;
Bosmel, cultivateur à Flamanville;
François Le Canu, cultivateur à Réthoville.

Ment. honorables: MM. Jules Pasquier, à Cherbourg.
Xavier Buhot, *Ibid*

Disons maintenant quelques mots des encouragements que la Société d'Agriculture donne à l'industrie chevaline.

Comme on a pu le voir par ce qui précède, la Société d'Agriculture a maintenu, dans les cantons, les concours de pouliches par elle institués en 1857, dans le but d'inviter nos cultivateurs à conserver les jeunes élèves susceptibles de devenir de bonnes poulinières. La coïncidence de ces primes, en quelque sorte préparatoires, avec les encouragements que le département consacre chaque année, avec tant de sollicitude, au concours d'arrondissement pour les pouliches de deux et de trois ans, la condition imposée par la société aux propriétaires des pouliches qui prennent part à nos concours cantonaux, de les présenter l'année suivante au concours d'arrondissement, ne peuvent que puissamment contribuer à accroître le nombre des bonnes poulinières dans le pays.

La société s'est néanmoins trouvée, pour cette année, dans l'obligation de diminuer un peu la valeur de ces primes cantonales, et même celle de quelques-unes des primes pour les diverses races de bestiaux. Elle a dû également remplacer les primes qu'elle décernait aux étalons de trait par des diplômes de recommandation et des médailles d'argent. Ces réductions ont été faites dans le but de pouvoir entrer dans une nouvelle voie d'amélioration dictée par les circonstances. Pour répondre aux intentions si généreuses du gouvernement de l'Empereur en faveur du perfectionnement des races chevalines, une société a pris naissance dans le sein de notre société d'agriculture, afin de s'occuper spécialement de rétablir dans notre contrée les courses de chevaux. Les associations agricoles de Cherbourg et de Valognes ont, à l'envi, assuré leur concours à la création de la société des courses du Cotentin. La subvention accordée par vous a été de 500 fr. pour 1862, et de pareille somme pour 1863. Aujourd'hui que le sort de la société des courses de chevaux est désormais assuré, et que le succès a couronné ses efforts, nul doute que la société d'agriculture ne puisse rentrer bientôt dans sa spécialité, tout en ne perdant pas de vue que les courses de chevaux jouent un grand rôle dans les moyens de perfectionner nos races chevalines.

Le concours de pouliches qui a eu lieu à Cherbourg le 20 mai dernier a été très satisfaisant. Onze primes, créées à l'aide des fonds accordés par l'Etat et par le conseil général du département, ont été disputées par 38 pouliches, dont 13 âgées de trois ans et 25 de deux ans. Comme toujours, le canton de Saint-Pierre a eu la plus large part dans cette distribution; le canton de Beaumont a obtenu deux primes, et celui d'Octeville, une. Ce résultat ne doit pas décourager les producteurs des autres cantons, qui parviendront à lutter un jour plus avantageusement avec celui de Saint-Pierre. Les améliorations accordées à la station de Querqueville par l'administration générale des haras, sur la demande de la société d'agriculture, ont amené une augmentation notable dans le nombre des juments qui sont conduites à cette station, et ont porté à 424, pour 1863, le nombre des saillies qui, deux ans auparavant, dépassait à peine 300. D'un autre côté, le concours des juments poulinières qui a eu lieu le 14 septembre au chef-lieu de notre arrondissement, a révélé une grande amélioration dans le nombre et le mérite des poulinières du canton de Beaumont, auxquelles sont échues cinq primes, dont une de première classe.

Dans ce concours, 48 juments poulinières ont été présentées; vingt-sept primes, s'élevant ensemble à 4,900 fr., ont été distribuées. Voici la part obtenue dans chacun des cantons :

	1re classe, 300 fr.	2e classe, 200 fr.	3e classe, 150fr.	4e classe, 100 fr.	Total.
Saint-Pierre,	6	4	3	7	20
Beaumont,	1	»	2	2	5
Octeville,	»	1	1	»	2
	7	5	6	9	27

Nous le répétons, le succès constamment obtenu par le canton de Saint-Pierre ne doit exciter que l'émulation, et non la jalousie ou le découragement, chez les producteurs des autres cantons. La supériorité acquise au Val-de-Saire est due non-seulement à la richesse de son sol et au choix de ses reproducteurs, mais aussi à la constante sollicitude avec laquelle notre regretté collègue, M. le comte de Blangy, a provoqué et récompensé le progrès, et par ses conseils éclairés, et par ses encouragements pécuniaires. Qu'il nous soit permis d'ajouter que le pays est heureux de trouver, dans la personne de M. le comte de Choiseul, un digne héritier de la fortune et des bienveillantes intentions de M. de Blangy.

Espérons, messieurs, que les efforts multipliés de la société d'agriculture, parviendront aussi à généraliser dans le reste de l'arrondissement l'amélioration des races chevalines.

CONCOURS AGRICOLES.

Ainsi que l'annonçait le programme publié en 1862 et en 1863, des concours ont été ouverts, cette année, dans les quatre cantons, pour les diverses branches d'améliorations agricoles, savoir :

Dans le canton d'Octeville : *Bonne tenue des fermes; exploitations les mieux dirigées; disposition des étables; perfectionnements de tous genres apportés à la culture.*

Dans le canton des Pieux : *Bonne préparation des engrais; leur emploi; moyens mis en pratique pour établir des cours à fumier, pour utiliser les matières liquides de toute nature.*

Dans le canton de Beaumont : *Culture des plantes racines, sur une étendue de 40 ares au moins.*

Dans le canton de Saint-Pierre-Eglise : *Extension et perfectionnement des cultures fourragères, prairies artificielles, etc.*

La Société avait également annoncé qu'elle distribuerait, comme en 1862, des primes et encouragements aux instituteurs des communes rurales qui auront, avec le plus de succès, introduit dans leurs classes des éléments d'enseignement agricole, etc.

Enfin des primes ou médailles devaient aussi être décernées aux personnes qui, possédant une machine à battre, une faucheuse ou un semoir, auront mis ces instruments à la disposition des cultivateurs.

Nous publions ici les divers rapports auxquels ont donné lieu ces concours.

BONNE TENUE DES FERMES

Rapport de M. Gustave Lemoigne, au nom d'une Commission composée de MM. Lemoigne, Vildieu et Pajot.

Messieurs,

La société d'agriculture de Cherbourg, fidèle à son réglement et au but qu'elle s'est proposé à son principe, n'encourage pas seulement l'amélioration des races des bestiaux, la propagation des instruments aratoires les plus pratiques, l'extension de cultures spéciales; elle encourage encore les progrès obtenus dans le régime intérieur de la ferme, et elle offre des récompenses à tous les efforts tentés dans la voie du mieux.

A tour de rôle, un but à atteindre est désigné à chaque canton; qui les plantes racines, qui les plantes fourragères, etc.; et un jury le parcourt pour décerner un prix au cultivateur intelligent qui l'a mérité.

Aujourd'hui, MM. les cultivateurs du canton d'Octeville se disputaient le prix de *bonne tenue des fermes.*

A propos de ce prix, le jury dont j'ai l'honneur de vous communiquer la décision, a pensé qu'encore bien que des prix particuliers soient attribués plus spécialement à certaines cultures, le régime général de la faisance-valoir devait être pris en certaine considération dans la distribution du prix de *bonne tenue des fermes,* sans amoindrir toutefois ce qu'a d'intéressant et d'indispensable un aménagement intelligent des bâtiments et des cours dont se compose une exploitation rurale.

Ceci posé, nous allons vous rendre compte de la visite que nous avons faite chez les concurrents.

Trois seulement s'étaient fait inscrire : MM. Nicolas Le Brun, Mathias Lelanchon, cultivateurs à Tourlaville, et M. Dieudonné Couppey, à Octeville; et encore ce nombre déjà trop restreint a été réduit à deux, par suite de la retraite de M. Le Brun.

Nous avons visité la ferme de M. Lelanchon. M. Lelanchon occupe la ferme des Flottes, à Tourlaville.

Elle contient 21 hectares; mais M. Lelanchon en exploite en outre 13 hectares détachés de la ferme.

Cette contenance se décompose ainsi, en faisances:

1° Culture maraîchère,	6 hect.	
2° Herbages et prairies,	12 —	
3° Luzernières,	2 —	1/2
4° Tremaine nouvelle et de deux ans,	4 —	

5° Le reste est employé à des cultures diverses.

Voici son système d'assolement:

1re année, Légumes;
2e — Froment;
3e — Trèfle incarnat, vesce, etc.;
4e — Froment;
5e — Orge;
6e — Tremaine;
7e — Tremaine encore, pour être reprise en froment l'année suivante.

La propreté des champs, due à un soin constant et éclairé, est fort remarquable.

Pour ce qui concerne l'aménagement intérieur de la ferme, nous avons le regret d'avoir à vous dire que nous n'y avons rien trouvé qui soit digne d'être signalé ou qui sorte des habitudes vulgaires.

Il en est autrement de la ferme occupée par M. Couppey. Cette ferme appartient à MM. du Mesnildot. Elle est située sur la limite d'Octeville et de Cherbourg, au Cauchin.

Elle contient 15 hectares, dont 2 en labour et le reste en herbages et prairies.

Les prairies sont bien propres et bien tenues; l'arrosage utilement pratiqué. Les herbages, dont la couche végétale est assez mince et très-sujette à brûler pendant les sécheresses, produisent néanmoins des quantités d'herbe qu'un engraissement abondant et annuel peut seul expliquer.

En outre de cette ferme, M. Couppey exploite simultanément 11 hectares de terre, situés dans plusieurs communes assez éloignées du chef-lieu d'exploitation, et plantées en luzerne ou en nature d'herbages et prairies. Elles contiennent aussi un champ d'ajoncs pour les chevaux.

M. Couppey nourrit habituellement, avec cette faisance, 8 à

10 vaches laitières, 8 génisses de différents âges, 4 juments de trait livrées à la reproduction, une pouliche antenaise, 12 brebis agnelières avec 1 bélier et 4 porcs.

La distribution des bâtiments dont se compose la ferme laisse beaucoup à désirer, et il n'a fallu rien moins que les soins éclairés du fermier pour en tirer un parti convenable.

La maison d'habitation est au fond de la cour. Le fermier habite le premier étage, qui forme plain-pied avec le champ contigu. La cuisine est spacieuse, et les instruments du ménage étaient rangés symétriquement sur des rayons, et par catégories d'usages.

Une autre pièce à côté sert à la fois de salle à manger, de chambre à coucher et de bureau.

Au-dessus de ces deux pièces sont les greniers, dont M. Couppey a revêtu les murs d'un enduit de chaux, pour en faciliter le nettoyage. Des compartiments y sont installés, pour isoler complètement les unes des autres les sortes de graines qu'ils contiennent.

Le cellier est au-dessous de la chambre à coucher, badigeonné de chaux tout à l'entour.

Les tonneaux sont rangés sur deux lignes, de manière à pouvoir circuler en avant et en arrière, et à enlever celui que l'on choisit, sans déplacer les autres. De petites bailles en bois sont placées sous les chantepleures, pour recueillir le liquide qu'un suintement inévitable fait perdre habituellement.

La boulangerie est située sous la cuisine, dont le plancher n'est pas même plafonné, et c'est fâcheux; toutefois, grâce à une surveillance sévère, il n'est point arrivé d'accidents jusqu'ici. Une porte en fer, ingénieusement imaginée, ferme l'orifice d'un four en briques. Cette pièce est vaste, et M. Couppey a su en tirer parti.

Des huches rangées autour des murs renferment les grains, les farines et le son destiné aux vaches et aux porcs. C'est aussi le magasin général des faucilles, des haches et autres instruments, qui y sont exactement déposés chaque soir.

A côté de la maison d'habitation est un poulailler fort bien installé. Perchoirs, cage pour les sujets destinés à l'engraissement, niches pour les pondeuses et pour les couveuses, clôture facile pour la nuit, rien n'y manque.

La grange est à l'entrée de la cour. Son sol humide mettait obstacle à la durée de l'aire, et M. Couppey a dû en faire une en bois. Le procédé nous a paru en valoir un autre.

L'écurie vient à la suite. Elle peut contenir 4 chevaux; malheureusement elle est trop étroite. Chaque cheval est pourvu d'une bone. Sous le râtelier et devant le cheval, une auge divisée en deux compartiments, l'un pour le grain, l'autre pour l'eau, et percée de deux trous pour en faciliter le lavage. Au fond de l'écurie est le cabinet du charretier. On l'accède en traversant l'écurie, et de son lit, au moyen d'une petite fenêtre pratiquée dans la muraille, le domestique a constamment ses chevaux sous les yeux. L'équipage de chaque cheval est pendu derrière lui-même, et, dans le logement du domestique, l'équipage du cheval du maître. Nous y avons remarqué avec intérêt un assortiment complet d'instruments de pansement, des instruments pour les cas de maladie et une petite pharmacie composée des remèdes les plus usuels. L'écurie est badigeonnée, comme le logement du valet, et à cette occasion nous vous dirons que les appartements des domestiques de la ferme sont très-proprement tenus. Les objets de literie dont ils se servent, aussi bien que la nourriture, sont les mêmes que ceux dont use la famille du maître.

Auprès de l'écurie est un petit bâtiment en planches, où l'on pile les landes, car M. Couppey a maintenu cet excellent usage. Il sert encore à renfermer une jument prête à mettre bas, et au besoin d'infirmerie. Il est badigeonné à l'intérieur, comme le reste des étables, comme le pressoir, etc.

Non-seulement la propreté, mais encore la santé des animaux, trouve son compte à cette opération, qui est habituelle chez M. Couppey.

La vacherie est en face de l'écurie. Elle peut contenir huit bêtes, et chacune a sa bone, son ratelier et une auge pour les plantes racines ou pour les aliments liquides. Les animaux sont rangés sur deux lignes, et un fossé dallé conduit le purin dans la cour. A l'aide d'un procédé fort simple, M. Couppey a conduit l'eau dans l'étable, pour l'abreuvement des bestiaux sans les déplacer.

L'étable à vaches, comme toutes les autres, est pourvue, d'ailleurs, d'un outillage qui lui est propre et qui y demeure attaché :

nous signalons cette amélioration, qui ménage le temps aux cultivateurs.

Auprès de cette étable, et derrière la motte du four, M. Couppey a ménagé deux compartiments pour l'engraissement des veaux destinés à la boucherie. La chaleur produite par le four maintient l'air à un degré favorable au progrès de l'engraissement.

Un autre appartement est destiné à loger les veaux que l'on élève, et, par un procédé bien simple, les veaux ne peuvent se sucer mutuellement, ce qui arrive fréquemment.

La ferme du Cauchin ne possède pour remise qu'un modeste hangard en bois, mais il est très propre, et dessous sont abritées des voitures solidement construites et pourvues d'un appareil qui permet d'en modifier l'usage avec la plus grande facilité.

Au fond de la cour est la buanderie; elle est munie de fourneaux et de vases en fonte de fer pour la lessive et pour la cuisson des aliments des bestiaux.

Puis un autre bâtiment destiné aux charpentiers et autres ouvriers en bois, avec un outillage complet.

La porcherie a été construite aux frais du fermier. Elle est agencée de manière à isoler les porcs suivant leur âge et leur destination. Le purin descend dans une fosse où l'on apporte les longs fumiers, et où ils sont mélangés avec du sable de mer et du terreau, la perméabilité de la cour, remplie de sources, mettant un obstacle invincible à la création d'une fosse dans son intérieur.

En terminant ce rapport, nous ajouterons, messieurs, que les soins éclairés de M. Couppey ne se bornent pas aux intéressants détails que nous venons de vous exposer. La race de ses divers animaux ne laisse rien à désirer, depuis la volaille jusqu'aux chevaux. Ses champs sont bien tenus, leurs clôtures bien entretenues, et des barrières solidement suspendues se ferment au moyen d'un excellent procédé de son invention. Tout enfin annonce, chez ce cultivateur, ordre, propreté et travail intelligent.

Ainsi que nous l'avons dit au début, messieurs, les bâtiments de la ferme du Cauchin ne sont pas d'un aspect bien agréable : il faut les visiter pour pouvoir se rendre compte de tout le parti qu'un homme de volonté ferme et opiniâtre a su en tirer.

Nous vous proposons à l'unanimité de décerner le prix de bonne tenue des fermes à M. Couppey (Dieudonné).

Conformément aux conclusions de ce rapport, M. le président a remis à M. Dieudonné Couppey une *médaille d'argent.*

PRÉPARATION DES FUMIERS.

Rapport fait à la Société, par une Commission composée de MM. Besnou, H. Lucas et Payerne.

Messieurs,

Il y a quelques semaines, M. le président de la société d'agriculture de Cherbourg nous a invités à visiter cette année les propriétaires et fermiers du canton des Pieux, qui désireraient concourir pour les encouragements à décerner en 1863, à ceux dont les fumiers seraient à la fois les mieux aménagés, les plus abondants et les plus variés. Malgré un avis récemment réitéré dans les deux journaux de la localité, votre commission n'a reçu de demandes de visite que de M. Lequérié-Desrosiers, propriétaire aux Pieux, et de M. Lebourgeois (Félix), fermier de la Chaussée, à Tréauville.

S'il est regrettable qu'un aussi petit nombre de concurrents ait cru devoir entrer en lice, néanmoins votre commission est heureuse de vous dire que, avec ce petit nombre, elle a trouvé l'occasion de signaler à votre attention deux concurrents dont le mérite, tout différent qu'il soit, nous paraît digne de votre approbation et de vos encouragements.

Le premier, M. Desrosiers, dans sa petite propriété du bourg des Pieux, nous a offert un établissement agricole bien entendu. La fosse à fumier, dont la capacité est d'environ 70 mètres cubes, est rendue étanche, soit par le battage d'une bonne terre glaise qui en fait le fond, soit, sur les côtés, par l'application d'un bon ciment hydraulique qu'entoure un dallage en pierre. Cette fosse communique avec une purinière établie à l'un de ses angles, et dont la capacité est d'environ 6 mètres cubes, ce qui établit entre l'une et l'autre le rapport de 1 : 12. La purinière est parfaitement close, et la fosse à fumier forme à elle seule la totalité de la cour, qu'entourent les divers bâtiments destinés à loger les bêtes à cornes et les porcs. Le sol de ces diverses étables est étanche, et assez élevé pour permettre aux déjections liquides de se rendre immédiatement dans la fosse.

Les édifices sont munis de gouttières en bois qui rejettent les eaux pluviales à l'extérieur.

Les litières ont pour base unique des pailles; elles sont enlevées fréquemment, de manière à ce que les animaux soient toujours dans un état suffisant de propreté. Ces fumiers, à mesure qu'ils sont enlevés des étables, sont mêlés et étendus régulièrement dans la fosse. La superficie du contenu de celle-ci, lorsque son état de sécheresse l'exige, est arrosée par affusion du purin puisé avec des seaux.

M. Desrosiers, on ne saurait le contester, met en usage, dans le traitement de ses fumiers, les données théoriques et pratiques que lui a fait acquérir l'étude des bons ouvrages d'agriculture. Cependant, pour ne passer sous silence aucune des impressions que nous a suggérées l'examen de ses fumiers, nous croyons devoir faire remarquer que ceux qui emplissaient la fosse au moment de notre visite, se trouvaient dans un état de fluidité un peu trop marquée.

M. Desrosiers nous a déclaré vider sa fosse quatre fois par an, et que les matières qu'il en retirait s'élevaient à un cube d'environ 220 mètres. Cette quantité servirait à un assolement régulier de 6 hectares, ce qui porterait à un tiers en plus la proportion habituelle et normale du terrain fumé chaque année. Aussi, cet intelligent observateur nous a-t-il signalé des rendements considérables, qui démontrent que la terre sait reconnaître la nourriture qu'on lui donne par des récoltes souvent plus que proportionnelles. Ainsi, M. Desrosiers nous accuse avoir obtenu, par hectare, 100,000 kilog. de betteraves à globe jaune, plus de 400 hectolitres de pommes de terre, et plus de 50 hectolitres de froment. Ces rendements nous sembleraient exagérés, si cette culture n'était faite sur une surface relativement petite, sur un excellent terrain, et si la loyauté de notre co-sociétaire ne nous était parfaitement connue, et de nature à ne nous permettre le plus léger doute.

Chez M. Lebourgeois, les circonstances que nous venons d'énumérer sont, au point de vue pratique, toutes différentes. Il ne s'agit plus ici d'un jeune propriétaire que l'agriculture passionne, mais d'un simple cultivateur sans fortune il y a 20 ans, devenu aujourd'hui, à force de travail, un gros fermier que la culture bien entendue d'un sol travaillé avec intelligence, a récompensé de ses fatigues et de ses labeurs.

A la ferme de la Chaussée se trouve, au centre des bâtiments de l'exploitation, une vaste cour qui sert, à bien dire, en totalité de fumière. Déjà l'année dernière, lors de sa visite, la commission chargée d'examiner la meilleure tenue des fermes, trouva que la cour à fumier y était parfaitement rangée, que le fumier y était tassé avec soin, et que l'on répandait du sable marin dans la cour, que l'on renouvelait de temps en temps cette couche de sable, de manière à stratifier celui-ci avec le fumier; qu'enfin, malgré cette opération qui augmente la quantité de matière fertilisante, la cour était tenue dans une propreté parfaite.

Cette année, rien n'est changé. Au moment de notre arrivée, les hommes de la ferme étaient occupés à enlever les composts résultant du mélange des fumiers et du sable de mer, stratifiés comme nous venons de le dire; la tranchée, déjà pratiquée pour cet enlèvement, nous a permis de juger du résultat obtenu depuis le commencement de l'année, par ce mode de travailler les fumiers, dont nous avons pu constater la bonne nature, la conversion complète, et aussi l'état d'humidité convenable des couches de sable respectivement *sus* ou *sous*-jacentes. En considérant leur état physique et en tenant compte de la composition du terrain d'après les données chimiques qu'indique une saine théorie, ces composts, qui contiennent environ un tiers de fumier, doivent être considérés comme susceptibles de remplir les meilleures conditions d'une bonne fumure. Un calcul aussi approximatif que possible nous a fait évaluer cette masse d'engrais à un cube d'au moins 800 mètres, non compris, près des étables d'animaux de divers genres, des tas de fumier bien aménagés, convenablement tassés, et dans un état d'humidité convenable, qu'entretiennent du reste les sels déliquescents contenus dans l'épaisse couche de compost sur laquelle il réside. Cette quantité de fumier était de 90 à 100 mètres cubes.

Les bâtiments qui composent la ferme ne sont point, comme chez M. Desrosiers, garnis de gouttières qui isolent les eaux pluviales. Celles-ci, à moins d'averses exceptionnelles, doivent être absorbées, en grande partie, par le sol artificiel et perméable constitué par le compost que nous venons de décrire. C'est peut-être là un inconvénient à signaler au fermier, à bien dire, modèle de la Chaussée, quoique cependant il ait le soin d'utiliser sagement cet excédant d'eau, comme moyen d'irrigation de prairies avoisinantes. Toutefois, nous croyons devoir lui recommander, comme plus profitable à ses intérêts, comme méthode plus perfectionnée, de faire au centre de sa cour à fumier un parc ou entourage en terre, analogue à celui établi au château de Flamanville.

Supputant la totalité des fumiers de M. Lebourgeois d'après la superficie de terrain cultivé et l'assolement qu'il pratique, nous trouvons que ce cultivateur emploie sensiblement les proportions indiquées pour une bonne fumure à l'hectare, par les bons ouvrages d'agriculture, c'est-à-dire environ 10,000 kil. par année.

M. Lebourgeois ne nous a point signalé de rendements aussi élevés que M. Desrosiers; toutefois, nous avons pu juger qu'ils dépassent de beaucoup la moyenne admise officiellement, surtout pour les céréales.

Tels sont, Messieurs, les faits dans la relation desquels nous avons mis le plus d'exactitude possible et toute notre impartialité.

Au moment de faire une distinction entre deux concurrents si dignes, chacun, de vos sympathies, et placés dans des positions si différentes, la tâche va vous sembler difficile et délicate. C'est sous la même impression que nous venons vous ouvrir un avis, et vous prier de sanctionner la résolution qu'à l'unanimité nous croyons devoir vous soumettre.

Tout en rendant à la direction éclairée de M. Desrosiers la justice qu'elle mérite, et sollicitant pour lui un légitime intérêt de la part de la société, nous pensons devoir placer en première ligne l'honorable fermier de la Chaussée, et vous proposer de le signaler aux cultivateurs du pays, comme celui qui mérite pour l'aménagement de ses fumiers le premier encouragement, de même que l'année dernière vous en fîtes votre lauréat pour la meilleure tenue des fermes.

La Société d'Agriculture a décerné à M. Félix Lebourgeois, fermier à la Chaussée, à Tréauville, une *médaille d'argent* de 1re classe, et à M. Lequérié-Desrosiers, propriétaire aux Pieux, une *médaille d'argent* de 2e classe.

Rapport de M. Nicétas Periaux, Secrétaire de la Société.

CULTURE DES PLANTES-RACINES.

Une commission composée de MM. Mathias Lelanchon, de Tourlaville; J.-B. Toulorge, d'Equeurdreville; Alexandre Pottier, de Cherbourg; Yves Foulon, de Querqueville, et Feuardent du Hutrel, de Gréville, assistée de l'un des secrétaires de la société d'agriculture, a visité les cultures des plantes-racines du canton de Beaumont.

Dans la partie du canton qu'elle a été appelée à parcourir, suivant la liste des concurrents qui se sont fait inscrire, votre commission a reconnu que cette culture est faite dans des conditions très-satisfaisantes, ce qui fait regretter qu'elle ne soit pas plus généralement répandue dans le reste de la Hague, car les plantes-racines offrent de précieuses ressources pour l'engraissement des bestiaux et pour leur alimentation pendant l'hiver.

La société ne saurait donc trop vivement recommander ce genre de culture, qui a en outre pour résultat, lorsqu'elle est faite avec soin, de donner aux terres une excellente préparation pour les céréales.

Votre commission n'a visité que quatre exploitations chez lesquelles seules se trouvaient remplies toutes les conditions du programme, soit relativement à l'étendue, soit pour la culture en lignes, mode qui présente de grands avantages pour l'économie de la main-d'œuvre et pour la prospérité des plantes.

L'exploitation de M. Clément Fleury, aux Marais-de-Bas, commune de Nacqueville, a paru à votre commission digne d'être placée au premier rang, tant par son importance (environ 1 h. 20 a.) que par la beauté remarquable de ses produits, qui sont espacés avec soin, bien sarclés et présentent l'aspect le plus satisfaisant. Ses panais sont magnifiques; ses betteraves laissent peu à désirer, ainsi que ses carottes, qui sont encore en pleine végétation.

La société décerne à M. Clément Feury une des médailles d'argent que nous devons à la munificence de M. le ministre de l'agriculture.

M. Auguste Martin, de Nacqueville, est un cultivateur comme il y en a peu dans le pays; il est regrettable que son activité intelligente n'ait pas à s'exercer sur une plus grande échelle. Eu égard au peu d'importance de son exploitation, sa culture de plantes-racines, qui est d'environ 40 ares, est des plus remarquables. Tout est en parfait état, et il serait difficile de trouver de plus riches produits et un ensemble plus régulier.

La société décerne à M. Auguste Martin une médaille de bronze et une prime de 30 fr.

M. Paris-Prévallée, propriétaire-cultivateur à Urville, dont les riches herbages ont attiré en passant les regards de votre commission, trouve aussi dans la culture des plantes-racines de grandes ressources pour l'alimentation de ses bestiaux; environ 50 ares de panais et de betteraves, et 20 ares de carottes, forment son contingent, et, quoique cette culture laisse un peu à désirer pour les soins donnés au sarclage et à la séparation des plantes, on y trouve également de très-beaux produits, notamment en panais.

La société décerne à M. Paris-Prévallée une des grandes médailles de bronze accordées par M. le ministre de l'agriculture.

L'importante culture de M. Aubert Simon, de Nacqueville, quoique un peu inférieure en qualité à celles que nous venons de citer, mérite néanmoins également de fixer l'attention; son étendue approche de deux hectares, et offre aussi de très-beaux produits en panais et en betteraves; mais là encore la commission a reconnu la nécessité de donner aux plantes un espace suffisant pour faciliter leur développement.

La commission décerne à M. Aubert Simon une mention des plus honorables.

PLANTES FOURRAGÈRES.

La part du canton de Saint-Pierre-Eglise dans la distribution des encouragements de la société, était due, pour 1863, au concours pour l'extension et le perfectionnement des cultures fourragères, prairies artificielles, etc. Deux concurrents, également recommandables par leur zèle éclairé et par leur amour du progrès, s'étaient mis sur les rangs; mais l'impossibilité où s'est trouvée la Société de donner suite immédiatement à ce concours, ne permet pas d'en faire connaître aujourd'hui les résultats. Ce concours a dû être forcément renvoyé au printemps prochain, saison plus propice d'ailleurs à l'examen des améliorations qui en font l'objet.

INSTRUMENTS ARATOIRES.

La mise en usage et la propagation des instruments aratoires nouveaux ou perfectionnés est une des branches les plus importantes du progrès de l'agriculture. Dans notre contrée, où le nombre des grandes exploitations agricoles est assez limité, et où par conséquent ne peut s'introduire qu'à la longue l'emploi des machines d'un prix élevé et susceptibles de suppléer à la rareté ou à la cherté de la main-d'œuvre, c'est rendre un service signalé à la moyenne et à la petite culture que de les faire profiter de quelques-unes des ressources qu'offrent les procédés mécaniques pour économiser et accélérer les travaux des récoltes. C'est dans cette pensée que la société d'agriculture avait annoncé que des primes en argent ou des médailles seraient décernées aux personnes qui, possédant une machine à battre, une faucheuse ou un semoir, auront mis ces instruments à la disposition d'un plus grand nombre de cultivateurs, soit gratuitement, soit même à prix d'argent.

Déjà, il y a quelques années, la société décerna à Mlle Célestine Néel, de Gréville, une récompense bien méritée, pour avoir entrepris avec succès le battage des grains, au moyen d'une machine qu'elle exploite dans les communes de la Hague. Cette courageuse et intelligente initiative, prise par une jeune personne de la campagne, à laquelle la société s'est empressée de conférer le titre de membre honoraire, n'a pas été étrangère au prompt développement qu'ont pris dans notre contrée le battage mécanique et par suite la propagation des machines à battre.

De leur côté, nos constructeurs de Cherbourg, MM. Lucas et Simon jeune, ont entrepris sur une grande échelle la fabrication de ces instruments, auxquels ils ont apporté diverses améliorations.

Aussi l'arrondissement de Cherbourg, autrefois si arriéré sous ce rapport, compte-t-il aujourd'hui un assez grand nombre de machines à battre. En général, l'instrumentation agricole commence à s'y développer; outre les batteuses, l'usage des pressoirs portatifs, celui des tarares et d'autres instruments perfectionnés s'y propage, et l'on apprécie de plus en plus le parti qu'on peut tirer des moyens mécaniques pour simplifier les travaux manuels.

Mais la récolte des céréales et des fourrages est encore loin de s'opérer chez nous avec célérité: la faucille et la faulx ne sont pas encore remplacées, et, pour être dirigées avec plus ou moins d'habileté, ce sont toujours là des instruments qui depuis des siècles ont reçu à peine quelques perfectionnements. L'invention des faucheuses mécaniques est appelée à rendre d'immenses services à l'agriculture, en permettant d'accélérer les travaux de la récolte, au moment où la main-d'œuvre devient très-onéreuse et quelquefois même insuffisante pour le cultivateur.

M. Jean-Baptiste Pontus, un des agriculteurs les plus distingués du canton de St-Pierre, n'a pas reculé devant la dépense d'une de ces machines, dont le prix est encore assez élevé. Déjà possesseur d'une machine à battre les céréales et d'autres instruments perfectionnés dont il se sert avec succès, tels que le ventilateur, le cribleur à cylindre, le semoir à brouette, la charrue à double versoir pour chausser le colza, cet habile fermier donne dans sa circonscription l'exemple du progrès. A l'aide de sa faucheuse, que l'on a pu voir figurer à l'exposition que la société improvisa il y a deux ans, à pareille époque, M. Pontus a moissonné en moins de six jours près de 12 hectares de céréales, en froment, avoine et orge. Il s'en sert aussi avantageusement pour le sarrasin. Puis il l'a mise, ainsi que sa batteuse, à la disposition de quelques voisins, et les a ainsi initiés aux moyens d'économie et aux voies de perfectionnement dont bientôt ceux-ci ne pourront plus se passer, tant il est vrai que les bons exemples de la pratique et les leçons de l'expérience sont plus profitables au progrès que les meilleurs écrits et les descriptions les plus circonstanciées.

La société d'agriculture a décerné à M. J.-B. Pontus, de Néville, une médaille d'argent et une prime de 100 fr.

ENSEIGNEMENT AGRICOLE.

Rapport de M. Duprey.

Lorsque, en 1862, la société d'agriculture ouvrit pour la première fois un concours relatif à l'enseignement élémentaire de l'agriculture dans les écoles rurales, quatre instituteurs seulement répondirent à son appel par l'envoi de quelques documents.

Le nombre des concurrents s'est un peu accru cette année, mais il est loin d'être aussi considérable que l'on serait en droit de le désirer. Sept instituteurs communaux sollicitent les suffrages de la société.

En attendant qu'elle soit en mesure de constater par elle-même, à l'aide d'inspections directes, le mode d'enseignement suivi et les résultats obtenus dans les écoles, c'est aux instituteurs qu'il appartient de lui fournir les documents sur lesquels elle peut se baser pour apprécier le mérite de leurs efforts.

Il est possible, dès cette année, de constater un progrès important dans la méthode d'enseignement : six instituteurs sur sept présentent à la société les cahiers d'un cours plus ou moins complet, qu'ils ont dicté textuellement à leurs élèves, et qui a servi de base à tout leur enseignement. Ce résumé, emprunté principalement aux éléments d'agriculture de Bodin, constitue dès maintenant un point de départ bien arrêté, et pourra dans la suite recevoir tous les perfectionnements que l'expérience conseillera.

Quant aux résultats de cet enseignement, la plupart des instituteurs se félicitent de ceux qu'ils ont obtenus: ils rendent témoignage au zèle et à l'émulation de leurs élèves; mais un seul, M. Hersent, de Flamanville, nous en a fourni des preuves vraiment satisfaisantes par l'envoi des devoirs de toute nature de tous ses élèves, forts ou faibles, indistinctement; les autres se sont bornés à présenter un ou deux, tout au plus, des cahiers ou devoirs écrits sous sa dictée, de telle sorte que dans ce travail il n'y a rien qui soit personnel aux élèves, et qui constate le profit qu'ils ont retiré de l'enseignement.

Il y aurait pourtant une sorte de documents que toute école est à même de fournir, et qui, à défaut d'inspections directes, toujours difficiles à réaliser, mettraient la société à même d'apprécier en connaissance de cause le mérite de l'enseignement et les résultats obtenus.

L'enseignement agricole, comme toute autre branche du cours d'études, devrait donner lieu, au moins tous les trois mois, des compositions périodiques *entre tous les élèves qui le reçoivent.*

Ces compositions, destinées à résumer l'ensemble de cet enseignement, devraient présenter: 1° des réponses faites de mémoire par les élèves à des questions de théorie et de pratique agricole ou horticole, extraites du cours professé par le maître; 2° la solution de problèmes d'arithmétique applicables aux calculs que réclame journellement une exploitation agricole, petite ou grande; 3° des tracés ou dessins exécutés *rapidement* par les élèves, et représentant de mémoire les instruments aratoires, bâtiments de ferme, etc., qu'ils auront dessinés plus à loisir dans l'intervalle de temps écoulé entre deux compositions.

Or, ce sont surtout ces compositions, classées, corrigées et annotées en marge par le maître, qui devraient désormais être soumises à l'appréciation de la société; à cette condition, elle aurait, pour établir ses jugements, une base qui lui manquerait totalement aujourd'hui, si M. Hersent, instituteur à Flamanville, n'avait suivi presque complètement, dans le choix des pièces déposées par lui, le programme qui vient d'être tracé.

PIÈCES PRÉSENTÉES PAR LES CANDIDATS.

CONCOURS DE 1863.

M. D. Hersent, à Flamanville. — 1° Résumé d'enseignement agricole puisé principalement dans le Résumé d'agriculture pratique de Bodin, les Simples Notions de Th. Barrau, le Manuel du Jeune Cultivateur, par M. Gilles, de Flamanville, etc., le tout coordonné par le maître d'une manière parfaitement méthodique, et présentant un enseignement suffisamment théorique, éminemment pratique, et dégagé de toute affectation d'une science plus apparente que réelle, et dans tous les cas inaccessible aux très-jeunes élèves des écoles rurales.

2° Devoirs mensuels des élèves, contenant des réponses aux questions d'agriculture posées par le maître. Ces réponses sont faites de mémoire par l'élève, et résument ce qu'il a saisi et retenu de l'enseignement donné pendant le mois. La collection de devoirs présentée par M. Hersent répond aux mois d'octobre, novembre et décembre 1862; janvier, février, mars, avril, mai, juin et juillet 1863. Elle représente, en le résumant, l'ensemble de l'enseignement agricole dont se compose le cours fait par le maître : ces copies, d'abord au nombre de 12 (octobre 1862), s'élèvent à celui de 16 (novembre 1862), de 19 (décembre 1862), pour revenir à 17 (janvier 1863), 16 en février, 15 en mars, 14 en avril, 15 en mai et le même nombre en juillet 1863. Ces devoirs sont classés par ordre de mérite, et répondent par là aux compositions périodiques de notre enseignement secondaire. Le maître a eu le soin d'inscrire en tête de chacun une note appréciative (très-bien, bien, assez bien, passable, médiocre ou qqfois même faible), ce qui ne l'empêche pas, dans le cours même du devoir, de consigner en marge ses observations et rectifications. En général, ces devoirs attestent de la part du maître un zèle consciencieux des plus rares, et de la part des élèves une application très-satisfaisante et des connaissances acquises, dont on se rend d'autant mieux compte, que M. Hersent a soumis également à l'examen de la société les devoirs les plus faibles et ceux qui reproduisent le mieux son enseignement.

3° M. Hersent dépose encore deux cahiers de problèmes d'arithmétique applicables aux calculs que réclame journellement une exploitation agricole, petite ou grande. Chacun de ces problèmes, rédigés le plus souvent par le maître, et empruntés aux devoirs journaliers de la classe, a été reporté au net sur ces deux cahiers par celui des élèves qui en avait le mieux trouvé la solution : le nombre et la variété de ces problèmes attestent l'importance que M. Hersent a sagement attribuée à cet exercice si utile; tandis que, d'autre part, les 47 solutions, signées par quinze élèves différents, témoignent de l'émulation studieuse que les jeunes gens eux-mêmes ont apportée dans ce travail.

4° Un cahier de sujets de rédaction destiné, suivant l'excellente intention si bien définie par M. Hersent, *à familiariser les jeunes cultivateurs avec une des tâches qui leur coûtent le plus à tout âge, celle d'exprimer leurs pensées par écrit.* M. Hersent atteindra certainement son but, si les devoirs portés sur ce cahier par six de ses élèves sont réellement leur ouvrage. Quoi qu'il en soit, on doit féliciter M. Hersent de l'excellent choix de ses sujets qui, à une seule exception près, se renferment rigoureusement dans le cercle des affaires et des intérêts sur lesquels roule ordinairement la correspondance agricole.

5° Travaux graphiques. Elévation et plan de divers instruments et machines, depuis les pelles, fourches et râteaux jusqu'aux charrues à régulateur, pressoirs, etc. Elévation de portes et barrières. Plans calculés de prairies et pièces de terre. Plan du rez-de-chaussée de la maison d'école. Plan de la ferme de M. Bosmel. Quinze élèves ont participé à l'exécution de ces 72 feuilles de dessins ou de plans, levés, d'après le témoignage de M. Hersent, en présence des objets figurés ou sur le terrain même. Tous ces travaux attestent, de la part des élèves de Flamanville des progrès dont on aime à suivre la gradation dans la série de leurs dessins, depuis le mois d'octobre 1862, jusqu'au plan si bien exécuté de la ferme de M. Bosmel, par lequel ils ont terminé leurs études en juillet et août 1863; mais en même temps on reconnaît, par l'observation attentive de ces travaux, que le mérite de ces progrès revient surtout à la direction personnelle de M. Hersent.

6° Enfin ce maître habile a su obtenir de la générosité de la commune un terrain primitivement cultivé en luzerne; avec la coopération de ses élèves, il l'a transformé en jardin, où, durant les récréations, l'école a été exercée aux principales opérations de la culture jardinière, que déjà plusieurs élèves ont transportées, par une imitation féconde, dans le jardin de leur famille.

M. J. Simon, à Hainneville. — 1° Résumé d'enseignement agricole qui paraît puisé à peu près aux mêmes sources que celui de M. Hersent. L'esprit de méthode est moins remarquable que chez le précédent; l'enseignement est un peu moins succinctement résumé. Le cours de M. Joseph Simon renferme toutefois une IVe partie, dont les quatre chapitres ont une très-grande importance :

Ch. I. Economie et comptabilité.

Ch. II. Culture du jardin de ferme; almanach des travaux horticoles.

Ch. III. Culture des arbres forestiers.

Ch. IV. Education des abeilles.

2° Questionnaire du cours élémentaire d'agriculture.

3° Cinq copies de devoirs *dictées textuellement* le 5 et le 7 septembre 1863, et exécutées par trois élèves seulement; les dessins, représentant une araire, une herse Valcourt, un rouleau et une houe à cheval, trahissent chez les élèves une main peu exercée, et ne sont nullement comparables à ceux que présente l'école de Flamanville.

M. Simon, au Vast. — 1° Compte-rendu, par M. Simon, de sa méthode d'enseignement.

2° Table du Résumé d'enseignement agricole, puisé dans le Traité d'agriculture de Bodin, et rédigé en trente leçons d'environ trois pages chacune; plus, deux leçons complémentaires constituant un commencement d'enseignement horticole, et formant un almanach des travaux horticoles; enfin quelques données d'économie agricole et un modèle d'un livre de recettes et dépenses, d'une quittance et d'une reconnaissance de dette.

M. Simon complète son enseignement agricole en dirigeant vers ce but les lectures, les dictées orthographiques, les problèmes d'arithmétique, et même les promenades qu'il fait faire à ses élèves.

Depuis un mois seulement, il a adopté pour livre de lecture courante le Résumé d'agriculture pratique de Bodin, et à la suite de chaque leçon de lecture, l'élève doit résumer de vive voix et de mémoire la leçon qu'il vient de lire, exercice excellent sous tous les rapports, et qu'on ne peut trop recommander à MM. les instituteurs.

Les résultats obtenus par M. Simon ont été constatés dans trois inspections successives, par M. Dupoërier de Portbail.

M. Née, à Martinvast. — Résumé extrêmement succinct d'un petit cours par demandes et réponses, par Michel Greff. Il traite les questions relatives au sol, aux amendements et engrais, ainsi que la culture des plantes, mais il ne dit rien du bétail; il paraît désirable que le Résumé d'agriculture de Bodin soit uniformément adopté dans les écoles de l'arrondissement, comme base de cet enseignement.

Le cours de M. Née est représenté par deux cahiers d'élèves, très-convenablement rédigés. Six élèves seulement ont suivi le cours.

M. Lecostey, à Saint-Germain-des-Vaux. — M. Lecostey a fait suivre son cours par treize de ses élèves : son enseignement a eu principalement pour base le résumé de Bodin et les notions publiées par le Journal des Instituteurs. Ce qui distingue surtout cet enseignement, c'est l'importance un peu excessive peut-être que M. Lecostey a attribuée à la chimie. Il faut certainement lui savoir gré d'avoir familiarisé ses élèves avec quelques produits chimiques qu'il a mis sous leurs yeux, et leur a fait sentir, toucher ou goûter, suivant le cas; mais, pour s'être attaché un peu trop en détail à la composition de l'air et de l'eau, aux substances élémentaires qui jouent un rôle dans la vie et l'accroissement des plantes, à l'analyse des terres, au dosage des substances inorganiques qui entrent dans la composition du blé, de l'avoine, de l'orge, du seigle, du maïs, de la paille de blé, des fèves, des navets, des pommes de terre, à l'analyse des engrais, à celle notamment des diverses sortes de guano, il a dû renoncer à enseigner les connaissances vraiment utiles à la masse des jeunes cultivateurs : son cours, jusqu'à présent, n'offre que des préliminaires, et ne parle ni de la culture des plantes, ni de la culture du bétail.

Peut-être la société n'a-t-elle pas à encourager cet étalage plus prétentieux qu'utile d'une science plus apparente que réelle.

M. Josset, à Equeurdreville. — Résumé d'un cours complet d'après Rendu et Bodin L'exemplaire déposé, rédigé par un élève peu soigneux, offre de nombreuses irrégularités, et ne permet pas de bien suivre la division du cours en leçons. Le développement de chacune des matières étudiées dans ce cours est suivi d'un questionnaire qui aide beaucoup l'élève à résumer et préciser ses souvenirs.

M. Josset se promet de compléter ce cours par des notions théoriques et pratiques d'horticulture et d'arboriculture, dont l'utilité devra être appréciée dans une commune qui, par sa position, est appelée à contribuer à l'approvisionnement des marchés de Cherbourg.

Le cours de M. Josset est bon, comme tous les autres, mais la rédaction qu'il en présente semble accuser le défaut de zèle de ses élèves.

M. Loisel, à Fermanville. — M. Loisel a fait par lui-même beaucoup d'études, soit théoriques, soit pratiques, relativement à l'agriculture, et surtout à l'horticulture; mais jusqu'à présent les fréquents déplacements qu'il a subis paraissent l'avoir empêché de donner à ses élèves un enseignement agricole ou horticole régulier et méthodique. La stabilité de sa position actuelle lui permet d'espérer pour l'avenir des résultats satisfaisants. Il a fait, au prix de 1,000 fr., l'acquisition d'un terrain sur lequel il a déjà commencé des expérimentations intéressantes, auxquelles, sans nul doute, il saura associer ses élèves, qui devront trouver là la justification de son enseignement théorique.

En raison des titres divers invoqués ou produits par chacun des candidats,

En attendant que la présentation uniforme des devoirs des élèves oppose à M. Hersent, instituteur à Flamanville, une concurrence qui pour le moment fait défaut, la société, reconnaissante des excellents résultats déjà acquis dans son école, décerne à cet instituteur la médaille d'or qu'elle doit à la bienveillance de M. le ministre de l'agriculture, et lui offre une prime de 60 fr.

A M. Joseph Simon, instituteur à Hainneville, rappel de la médaille d'argent qui lui a déjà été décernée, et une prime de 60 fr.

A M. Simon, instituteur au Vast, une médaille d'argent et une prime de 40 fr.

A MM. Née, instituteur à Martinvast, et Lecostey, instituteur à Saint-Germain-des-Vaux, chacun une médaille de bronze.

Enfin la société mentionne honorablement les efforts tentés par MM. Josset, instituteur à Equeurdreville, et Loisel, instituteur à Fermanville, et les engage à persévérer dans la voie qu'ils ont entreprise, pour se présenter avec succès dans un prochain concours.

La société, pour se mettre en mesure d'apprécier de plus en plus pertinemment le mérite des maîtres, les engage instamment à lui faire parvenir chaque année, non-seulement un exemplaire du cours dicté par eux, mais aussi la série des compositions faites sur les diverses parties de l'enseignement, agricole ou horticole, par tous les élèves qui suivent cet enseignement; de son côté, elle s'attachera à se mettre en rapport direct avec les instituteurs par des inspections aussi multipliées que possible.

Redoublons tous d'efforts et de persévérance pour assurer la réussite complète d'une entreprise dont les avantages ne peuvent manquer d'être de plus en plus appréciés par les cultivateurs et par les jeunes élèves eux-mêmes, et qui aura pour premier résultat de fournir, pour le recrutement de notre école d'agriculture de Martinvast, des sujets parfaitement préparés.

Après la lecture de ces rapports, M. le Président a remis aux divers lauréats les médailles et récompenses qui leur étaient destinées, en leur adressant à tous des paroles de félicitation et d'encouragement.

Les applaudissements qui ont éclaté à la fin de la séance publique, ont témoigné de l'intérêt que les assistants avaient pris à cette petite solennité.

A trois heures, un banquet réunissait, sous la présidence de M. le comte de Tocqueville, à l'hôtel de l'Amirauté, une partie des membres de la Société et des lauréats des divers concours. Dans cette réunion, où a constamment régné la plus franche cordialité, et que M. Bordez, sous-préfet de Cherbourg, avait bien voulu honorer de sa présence, agriculteurs et propriétaires de la ville et des campagnes saisissaient une de ces trop rares occasions de fraterniser, et de célébrer une fête de famille.

De nombreux toasts ont été portés. Nous nous bornerons à citer les principaux :

Par M. le Président:

A l'Empereur, le protecteur de l'agriculture!... Il en fait lui-même dans les fermes-écoles qu'il a établies sur ses domaines, et où l'exemple est joint aux préceptes.

Honorons, messieurs, cette main puissante qui, depuis quinze ans, maintient la paix la plus profonde dans ce vaste Empire, pendant que nos aigles victorieuses portent dans les contrées les plus lointaines le nom et la civilisation de la France!

Par le Secrétaire :

A M. le comte de Tocqueville, notre honorable Président, que l'on trouve toujours partout où il y a du bien à faire et des progrès à encourager.

Par M. Gustave Lemoigne, l'un des vice-présidents de la Société :

A M. le Sous-Préfet : Sa présence au milieu de nous est une preuve évidente de sa sympathie pour l'agriculture, et nous donne la certitude qu'en toute occasion il prendrait la défense de ses intérêts.

A ces paroles, qui ont été accueillies par de vifs applaudissements, M. le Sous-Préfet a répondu :

Messieurs, lorsque l'Empereur a daigné m'appeler à la sous-préfecture de Cherbourg, j'ai éprouvé un sentiment d'amour-propre bien légitime, en me voyant placé à la tête d'un arrondissement important; mais ce sentiment d'amour-propre s'efface aujourd'hui devant ma satisfaction personnelle de me voir accueilli au milieu de vous avec tant de cordialité. Je m'estimerai heureux de contribuer à la prospérité de l'agriculture, et d'entretenir avec vous tous de bienveillantes relations !... A la prospérité de l'arrondissement de Cherbourg, et au progrès de l'agriculture !

Par M. Henri de Couville :

Messieurs, je bois à l'agriculture. Notre société, messieurs, est entièrement liée à celle des courses.

Vous avez pu apprécier nos efforts, et, permettez-moi de le dire, nos succès.

Je vous convie tous, au nom de notre très honorable Président qui sait si bien soutenir de sa haute influence toutes les institutions utiles au pays;

Je vous convie, messieurs, à nos fêtes hippiques. Je bois à l'union des deux sociétés.

M. Henry (de Cherbourg), a porté la santé des Lauréats des divers concours, qui s'empressent de mettre en pratique les bons enseignements que la Société d'Agriculture cherche à propager, et celle des Instituteurs communaux qui, en initiant leurs jeunes élèves aux premières notions de l'agriculture, contribuent à former pour l'avenir une nouvelle génération de cultivateurs amis du progrès.

Cette chaleureuse improvisation a été suivie d'autres toasts.

Par M. Henri Duchevreuil, vice-président de la Société, et l'un des commissaires du Banquet :

A la mémoire du général du Moncel, le fondateur de la Société d'Agriculture.

Ces mots, prononcés avec émotion, ont causé une profonde sensation; M. Henry, prenant une seconde fois la parole, a porté la santé de notre digne vice-président M. Duchevreuil, qui, après avoir consacré la première partie de sa vie à la défense de son pays, se dévoue encore tout entier à l'illustration et à la prospérité de l'art qui le nourrit, avec la ponctualité et la persévérance d'un vieux soldat!

Ce toast a été, comme les autres, couvert d'applaudissements.

Enfin M. Gustave Bonfils, l'un des commissaires du Banquet, a prononcé ces paroles:

Je porte un toast à M. le comte de Tocqueville, le très-honorable Président de la Société d'Agriculture et de la Société des Courses de Chevaux du Cotentin.

Messieurs, ce nom, depuis longtemps connu et aimé à tant de titres dans nos contrées, a su donner à ces deux institutions si utiles, dont les intérêts se confondent, une impulsion telle que le succès a dépassé toutes les prévisions. — Leur avenir est désormais assuré. — Remercions donc M. le comte de Tocqueville, que nous retrouvons toujours lorsqu'il s'agit du bien public, et remercions aussi l'homme qui le seconde si bien dans cette tâche difficile, l'homme dont la modestie égale le mérite, et qui consacre les loisirs de la retraite à travailler pour le progrès, et par conséquent pour le bien-être de tous, avec un zèle aussi infatigable qu'intelligent, sans désirer d'autre récompense que le contentement d'avoir accompli un noble devoir. J'ai nommé notre honorable collègue M. Nicétas Periaux, maire de Querqueville, secrétaire des deux Sociétés d'agriculture et des courses (1).

A cinq heures et demie, les convives se sont séparés en se donnant rendez-vous à l'année prochaine, et en exprimant le vœu que la Société d'Agriculture puisse voir s'accroître de jour en jour le nombre de ses adhérents, et étendre son utile influence sur tous les points de notre arrondissement.

(1) Si la mission qui nous est donnée de rédiger le présent procès-verbal nous impose l'obligation de reproduire ce dernier toast, nous devons à la vérité d'ajouter que c'est à M. Gustave Bonfils lui-même qu'est dû en grande partie le succès de nos courses. Ayant accepté, en effet, les doubles fonctions de trésorier de la Société et de membre de la commission d'installation des Courses, M. Gustave Bonfils n'est resté étranger à aucuns détails, à aucunes démarches ayant pour but l'organisation de cette fête. C'est grâce à sa persévérante activité que l'hippodrome de Cherbourg a pris désormais un rang distingué parmi ceux de la Normandie.

Le Secrétaire de la Société d'Agriculture de Cherbourg,

NICÉTAS PERIAUX.

Vu et approuvé par le Président,

Comte DE TOCQUEVILLE.

PRIX ET ENCOURAGEMENTS

PROPOSÉS POUR 1864 ET LES ANNÉES SUIVANTES.

La Société d'Agriculture de l'arrondissement de Cherbourg continuera de distribuer, en 1864 et les années suivantes, des récompenses pour les différents modes d'amélioration et de progrès qui ont pour but la prospérité de l'agriculture, ainsi que la moralisation et le bien-être des populations des campagnes.

Ces encouragements, consistant en PRIMES EN ARGENT ou en MÉDAILLES D'OR, D'ARGENT OU DE BRONZE, seront décernés, suivant l'ordre qui sera ultérieurement déterminé, et conformément aux programmes qui seront publiés :

1° Aux INSTITUTEURS des communes rurales de l'arrondissement, qui auront, avec le plus de succès, introduit dans leurs classes des éléments d'enseignement agricole, en donnant à leurs Élèves des notions raisonnées d'agriculture, en établissant des conférences et des lectures rurales, en ouvrant des classes d'adultes, etc.;

2° Aux SERVITEURS et aux SERVANTES de ferme qui comptent le plus grand nombre d'années de bons services chez le même maître; aux DOMESTIQUES et JOURNALIERS des deux sexes qui se seront fait remarquer par des actes de dévouement, par de belles actions, par une conduite irréprochable, etc.

3° Aux personnes qui auront contribué à propager et à multiplier l'usage des INSTRUMENTS ARATOIRES nouveaux ou perfectionnés, susceptibles de simplifier ou d'économiser la main-d'œuvre, en mettant ces instruments à la disposition d'un plus grand nombre de cultivateurs, soit gratuitement, soit à prix d'argent;

Aux OUVRIERS chargés de la direction et de l'entretien de ces instruments, pour les soins donnés à leur installation, à leur mise en usage et à leur conservation.

Des concours par canton auront également lieu, comme par le passé, concurremment avec les divers concours de bestiaux, pour les diverses branches d'améliorations agricoles, savoir :

1° Bonne tenue des fermes; exploitations les mieux dirigées; disposition des étables; perfectionnement de tous genres apportés à la culture.

2° Bonne préparation des engrais; leur emploi; moyens mis en pratique pour établir des cours à fumier, pour utiliser les matières liquides de toute nature.

3° Culture des plantes racines, en lignes, sur une étendue de 40 ares au moins.

4° Extension et perfectionnement des cultures fourragères, prairies artificielles, etc.

Ils auront lieu dans l'ordre ci-après, en 1864 et les années suivantes :

CANTONS.	1864	1865	1866	1867
LES PIEUX	Plantes racines.	Cultures fourragères.	Bonne tenue des fermes.	Confection des engrais.
BEAUMONT	Cultures fourragères.	Bonne tenue des fermes.	Confection des engrais.	Plantes racines.
SAINT-PIERRE-ÉGLISE	Bonne tenue des fermes.	Confection des engrais.	Plantes racines.	Cultures fourragères.
OCTEVILLE	Confection des engrais.	Plantes racines.	Cultures fourragères.	Bonne tenue des fermes.

La Société d'Agriculture fait appel à tous ses membres et aux autorités locales de toutes les communes de l'arrondissement de Cherbourg, en les invitant à signaler au Président de la Société les noms des personnes qui leur paraîtront avoir acquis des droits à ces encouragements, ainsi que tous les détails et renseignements propres à éclairer les commissions qui seront chargées de leur distribution.

Cherbourg, le 1er octobre 1863.

Le Président de la Société d'Agriculture de l'arrondissement de Cherbonrg,

Cte **DE TOCQUEVILLE.**

Le Secrétaire,

NICÉTAS PERIAUX.

CHERBOURG. — AUGUSTE MOUCHEL, IMPRIMEUR-LIBRAIRE.

www.ingramcontent.com/pod-product-compliance
Ingram Content Group UK Ltd.
Pitfield, Milton Keynes, MK11 3LW, UK
UKHW032014260826
14628UKWH00005B/2484

9 782329 413716